マヌルネコ
15 の秘密

ポル（那須どうぶつ王国）

マヌルネコは
知る人ぞ知る動物
じわじわ知名度を
上げています

近年まで
絶滅の恐れもある
希少動物として
準絶滅危惧種に
指定されていました

名前のマヌルは
「小さなヤマネコ」を表す
モンゴル語に由来

ロータス（埼玉県こども動物自然公園）

約600万年前から存在する
最古の猫といわれています

知れば知るほど
謎が深まる不思議な
生き物です

そんなマヌルネコの
秘密に迫ります

本来のすみかが人に
奪われつつある
絶滅の危機の
原因のひとつは
実は人にあるんだ

人が何をすべきか
僕たちをきっかけに
考えてほしいな

ゴゴゴゴゴ
開発
ヒュ〜〜
気候変動

ワタナベチヒロ／マンガ家、イラストレーター。ウェブコミックスにて「お人形さん」等配信中。先日過去世リーディングをしてもらったら魔女で、山奥で大鍋をかき回していたと言われ、妙に納得しました。現世でも何かこっそり作っていきたいです。

うん
わかった

よかった

あっ
いたいた

生き物との
つながりを
守る方法は
けっしてペットとして
扱うことだけじゃない

ほら代わりに
これで
がまんしてね

わーい こっちのほうが
断然かわいい〜

ぬいぐるみ
ママー

うっそ〜
くるっ
かわいい

CONTENTS

Cover
撮影・デザイン／南幅俊輔
〈カバー表1〉／アズ（神戸どうぶつ王国）
〈表紙〉／ポリー（那須どうぶつ王国）
〈目次、カバー表4〉ポリー（那須どうぶつ王国）

本誌記載の情報およびデータは2023年5月現在のものです。

誰も気づかない
マヌルネコ

野生のマヌルネコはモンゴルや中国など主に中央アジア周辺が生息地。樹木もない乾燥した岩場であったり、平坦な草原で暮らしているはずですが、その姿をとらえるのは容易ではありません。周辺の岩や草に上手に溶け込み、私たちを含め他の生き物から見つからないように隠れて過ごしています。そんな彼らの日々の営みを、覚られないよう息をひそめてのぞいてみませんか。

人気者の秘密に迫ります

マヌルネコの写真を見ながら彼らの魅力をキーワードで探っていきましょう。キュートなルックスは、実は厳しい環境に適応した結果。マヌルネコと自然の関係がわかります。

モフモフ

マヌルネコの魅力のひとつに、モフモフの被毛があります。地面にただずむまんまるな姿は、まるでぬいぐるみのよう。でも、これこそマヌルネコが厳しい自然環境を生き抜くために手に入れた姿なのです。

野生のネコ科の多くは短毛種ですが、マ
ヌルネコは数少ない長毛種。どれだけふ
わふわなのか、なでたくなる見た目です。
見えている手足は太く短く、尻尾も太く
てふさふさ。しかし毛を除けば、意外と
手足はスラリとしていて、夏毛のときは
ふたまわりほどスリムになります。

※秘密❶〜❹は各動物園・施設のマヌルネコ
　たちの色々な表情、姿を集めて構成したも
　のなので個体名は掲載しておりません。

マイナス39℃ほどの極寒を生きるマヌルネコ
は驚くべき毛量の持ち主。長さ約5cmの毛が、
1cm²あたり9000本生えているといわれていま
す。一般的なイエネコが、1cm²あたり600本
といわれていますので、その差は圧倒的です。

秘密 ❷
変顔

過酷な環境で暮らしていることから、その生態には謎が多いマヌルネコ。特にマヌルネコ好きの間でも不思議とされているのが、時おり見せる変顔です。動物学的には威嚇（いかく）の一部らしいのですが、さて本当の理由は？

激しく顔をゆがめる行為は確かに威嚇なのでしょう。シャーという威嚇声を出すために口を開けたり、片方の口元を引き上げ、顔の左右が非対称になるのがマヌルネコ独特の表情。でも私たち人間からすると怖いというよりユニークに感じます。

威嚇の意味はなくても、あくびやマーキング、あるいは毛づくろいの際にも表れる変顔。ネコ科の動物は平面顔といわれますが、その中でもマヌルネコはひときわ平らな顔。しかし、実に愛嬌があるのです。同じ平面顔の私たちよりも表情豊かに見えます。

秘密 ❸
鋭い目

弱肉強食の自然界で生きるため、注意深く辺りを見渡すのが習慣となっているマヌルネコ。動物園で目が合ったときの眼差(まなざ)しの強さに、ハッとさせられることも多いはず。思わず凛々(りり)しい（イケメン）とうなってしまいそうです。

動物園でまっすぐにこちらを見る表情は真剣
そのもの。狩猟本能のあるマヌルネコにとっ
て、動くものはすべて興味の対象となります。

ネコ科の狩りの方法はその種類によってさまざまです。聴覚、
嗅覚で獲物を見つけ狩りを成功させるものもいれば、マヌルネ
コのように主に視覚からの情報で判断しているタイプもいます。
「見る」という行為はマヌルネコにとってとても重要。瞳孔が
丸いまま収縮するのがイエネコとの大きな違いです。

秘密 ❹

コマヌル

野生のマヌルネコの生息数は減少の一途をたどっていて、年々目撃情報が減っています。特に幼いときは他の動物に狙われやすく生存率が低いため、現在、絶滅の危機を回避すべく、動物園や保全団体が尽力しています。

動物園などの施設内であっても母親による子育てが理想ですが、感染症などの不測の事態を避けるため、人工哺育に切り替えなければならないこともあります。動物園で進められる適切なサポートで、コマヌルたちはすくすくと育っています。

※ページ内の写真は那須どうぶつ王国のコマヌルたちです。

※写真は埼玉県こども動物自然公園のコマヌルたちです。

元気な男の子
エル

ちょっぴり
慎重な女の子
アズ

PLAY BACK
2019
IN NASU

繁殖は飼育下でも
困難がともなう大仕事。
那須どうぶつ王国の奮闘記

誕生時はとても小さく弱々しかったもの
の、今では体も大きく立派に成長しまし
た。もう親となる準備はできています。

秘密 ❺

小さな一歩

那須どうぶつ王国の「ボル」と「ポ
リー」の子どもたち「アズ」と「エ
ル」が成長し、現在は他の動物園の
施設で暮らしています。2019年に
生まれたアズとエルの成長の足跡を
貴重な写真とともに紹介します。

ポリーに赤ちゃんが誕生

2019年4月22日、那須どうぶつ王国でポリーが8頭の赤ちゃんを出産。残念ながら1頭は死産でした。体をなめたり、温めたり、生き残った赤ちゃんたちの世話をするポリー。5日後、出産による免疫力低下と子育ての疲れでポリーが体調を崩してしまいます。赤ちゃんにも影響が及ぶ恐れがあることから、那須どうぶつ王国では人工哺育への切り替えを決断しました。

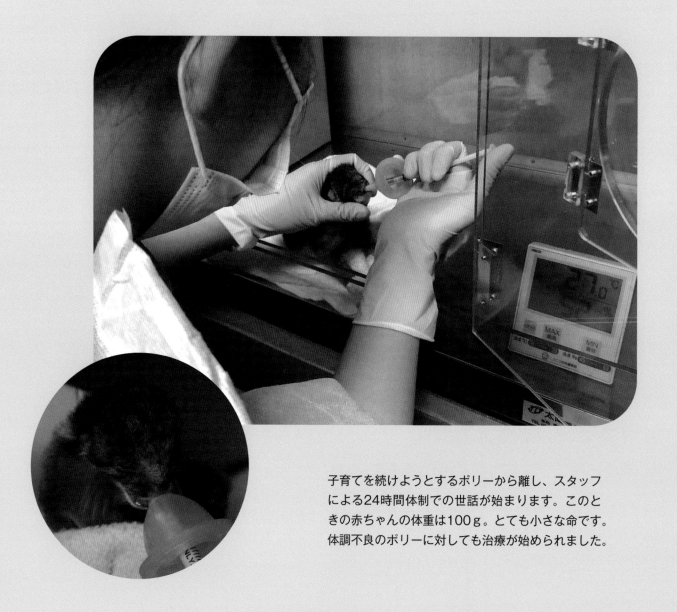

子育てを続けようとするポリーから離し、スタッフによる24時間体制での世話が始まります。このときの赤ちゃんの体重は100ｇ。とても小さな命です。体調不良のポリーに対しても治療が始められました。

ポリーに代わり、授乳と排泄ケアをスタッフの手で行います。野生のマヌルネコは細菌の活動が少ない地域で育ちます。授乳後や排泄後はもちろん、赤ちゃんに接するときは細心の注意を払って感染予防に努めます。

懸命にお世話しても赤ちゃんは徐々に弱っていきます。それでものちに「アズ」と名づけられる「Cちゃん」と、のちに「エル」となる「Eくん」と呼ばれていた2頭は生き残ってくれました。

保育器の中にいても、動くものにはつい反応してしまう様子。被毛もフサフサです。

生後約3週間。パッチリと開いた瞳はイエネコの赤ちゃんと同じくキトンブルー。

公式チャンネル
日々、コマヌル成長日誌。

順調にすくすく育つエルとアズ。そんな2頭の成長を記録する公式チャンネルがスタート。現在も記録は残されているので未見の方はぜひチェックしてみてください。

命の危機を乗り越えた2頭は順調に成長。体重も増え、親と同様にマヌ
ルネコらしい姿になってきました。開眼以来、目に入るものや音に興味
を示すようになり、人間（スタッフさん）のことも意識しています。

お互いによい遊び相手。じゃれあうなどし
て心と体の健康を保ちます。

離乳食へ切り替え。食べるのが下手で中断
しがちですが、根気よく食べさせます。

健康的に育っていく中、徐々に好奇心がわ
いてきます。オスのほうがやや大きい。

成長していく中で、少しずつ性格の違いも見られるようになります。エル（オス）は少し体が大きくてやんちゃ。アズ（メス）はおとなしく、光彩はややグリーン。2頭のきょうだいはお互いがいい遊び相手です。

ニャーニャー泣いたり、マヌルネコ独特のカクカクした動きも見られるように。

体温や体重など体のチェックからケアまでスタッフさんによるお世話が続けられます。

保育器の底を一心不乱に掘ろうとします。マヌルネコの本能が顔を出します。

約３ヶ月が経ち、初公開の日を迎えます。展示場では相変わらずじゃれあうエルとアズ。すっかり成長した2頭はそろって神戸どうぶつ王国にお引っ越し、その後アズはお見合いにのぞみ、エルは東山動植物園（名古屋）へ移動となります。

キャリーケースから展示室の様子を恐る恐るうかがいます。翌日が展示場デビュー。

展示場デビューはもうすぐ。保育室の扉を開放して外の世界に出ていく訓練を。

保育室にブロックを入れ、野生の岩場に近い環境をつくります。

知られざる生態を明かします

特徴・特性や野生での暮らしぶりなど、マヌルネコにまつわるいろいろなことをイラスト図解で分かりやすく解説。マヌルネコは知れば知るほど引き込まれます。

ヒョウ系統 1

・ライオン・ヒョウ・ジャガー
・トラ・ユキヒョウ・ウンピョウ
・スンダウンピョウ

ボルネオ 2
ヤマネコ系統

・ボルネオヤマネコ
・アジアゴールデンキャット
・マーブルドキャット

カラカル系統 3

・カラカル
・アフリカゴールデンキャット
・サーバル

オセロット系統 4

・ジョフロイキャット・コドコド
・ジャガーキャット・ミナミジャガーキャット
・アンデスキャット・パンパスキャット
・マーゲイ・オセロット

リンクス系統 5

・スペインオオヤマネコ・オオヤマネコ
・カナダオオヤマネコ・ボブキャット

ピューマ系統 6

・ピューマ
・ジャガランディ
・チーター

ベンガル 7
ヤマネコ系統

・ベンガルヤマネコ・ジャワヤマネコ
・スナドリネコ・マレーヤマネコ
・サビイロネコ

イエネコ系統 8

・イエネコ・ヨーロッパヤマネコ
・リビアヤマネコ・ハイイロネコ・スナネコ
・クロアシネコ・ジャングルキャット

ネコ科

秘密 ❻

分類

マヌルネコはネコ科の動物の一種。同じネコ科といっても大きさや見た目、ルーツによって8タイプに分けられます。マヌルネコはベンガルヤマネコ系統に分類されていますが、異質な存在感を放っています。

イエネコ系統とベンガルヤマネコ系統の両方に近い遺伝子データをもつマヌルネコ。ベンガルヤマネコ的な特徴がありながら、独自の進化を遂げてきたといえる違いもあり、いまだ解明されていない部分がある謎多き猫なのです。

毛の長さで類似

オオヤマネコ リンクス系統

5

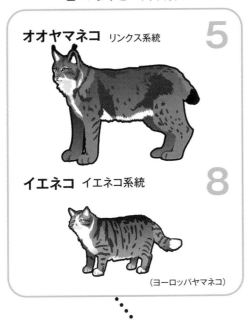

イエネコ イエネコ系統

8

（ヨーロッパヤマネコ）

生活環境の類似

ユキヒョウ ヒョウ系統

1

パンパスキャット オセロット系統

4

他の系統のものでも類似
部分を取り上げてみると、
ますますマヌルネコの独
自性が見えてきます。

7

ベンガルヤマネコの
グループ

この系統は大きく2つ、マヌルネコとそれ以
外に分けられます。同じグループでもマヌル
ネコだけ見た目が明らかに異なっています。

ベンガル
ヤマネコ

スナドリネコ

ジャワ
ヤマネコ

マレー
ヤマネコ

サビイロネコ

マヌルネコを中心とした イメージ図

1080万年前

ネコ科動物の祖先

ヒョウ系統

2系統

その他の系統

秘密 ❼
進化

マヌルネコは「現存する世界最古の猫の一つ」と呼ばれています。その由縁をイメージ図で表現すると、猛獣と呼ばれる大型のヒョウ系統を別にしてネコグループの中では最も早く現在の姿へと分岐。約600万年前からこの姿なのです。

600万年前
早い段階で
現在の姿になった
マヌルネコ

ネコ科の先祖種は進化の過程で、いわゆる猛獣と呼ばれる大型のヒョウ系統とその他のネコ科で大きく枝分かれしました。ヒョウ系統の特徴は「ガオー」と喉を鳴らす咆吼（ほうこう）ができることです。

・ライオン
・ヒョウ
・ジャガー
・トラ
・ユキヒョウ

1系統

・ウンピョウ
・スンダウンピョウ

ヒョウ系統はヒョウ属とウンピョウ属とに分かれる。ウンピョウ属は他のヒョウ属より小型で、一説にはヒョウ属とネコ属の中間との説もある。

・ボルネオヤマネコ
・アジアゴールデンキャット
・マーブルドキャット
・カラカル
・アフリカゴールデンキャット
・サーバル

3系統

・ジョフロイキャット
・コドコド
・ジャガーキャット
・ミナミジャガーキャット
・アンデスキャット
・パンパスキャット
・マーゲイ
・オセロット

4系統

・スペインオオヤマネコ
・オオヤマネコ
・カナダオオヤマネコ
・ボブキャット

5系統

・ピューマ
・ジャガランディ
・チーター

6系統

・ベンガルヤマネコ
・ジャワヤマネコ
・スナドリネコ
・マレーヤマネコ
・サビイロネコ
・マヌルネコ

7系統

マヌルネコ

・イエネコ
・ヨーロッパヤマネコ
・リビアヤマネコ
・ハイイロネコ
・スナネコ
・クロアシネコ
・ジャングルキャット

8系統

マイナス39℃から50℃の激しい気温差

標高の影響を受け、冬はマイナス39
℃の極寒の地で暮らすマヌルネコ。他
のネコ科と同様に冬眠することなく、
冬の間も少ない獲物でしのぎます。冬
も厳しければ夏の暑さも50℃と厳し
く、日中は岩場の涼しい場所で過ごし、
暗くなってから活動します。

秘密 ❽

環境

野生のマヌルネコは人が寄りつけない
ような過酷な環境下で暮らしています。
そのため人の目にふれることが少なく、
生息数も憶測にすぎません。厳しい高
地に向かった住民や研究者が運よく発
見できる程度の幻の存在です。

here

マヌルネコの生息地

ロシアのザバイカリエ地方周辺とモンゴルのステップ（雨の少ない地域の草原）や中央アジア地域の人がいない場所に生息しています。

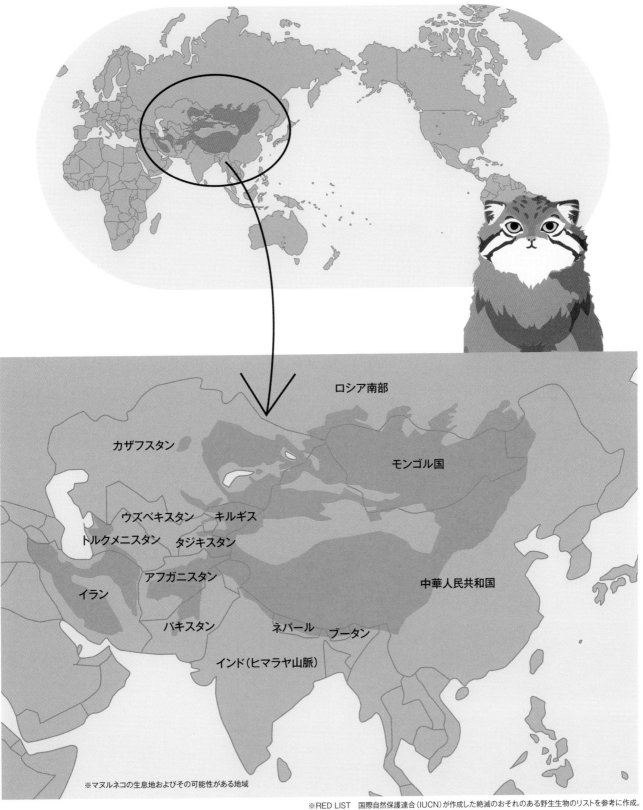

ロシア南部

カザフスタン

モンゴル国

ウズベキスタン　キルギス

トルクメニスタン　タジキスタン

アフガニスタン

イラン

中華人民共和国

パキスタン　ネパール　ブータン

インド（ヒマラヤ山脈）

※マヌルネコの生息地およびその可能性がある地域

※RED LIST　国際自然保護連合（IUCN）が作成した絶滅のおそれのある野生生物のリストを参考に作成。

DATA

体重	3〜5kg
頭胴長（体長）	50〜65cm
尾長	21〜31cm

秘密 ❾
体型

大きさ（体高）はイエネコと変わりませんが、ぶ厚い被毛に覆われていることと、太くてたっぷりした尻尾があることでイエネコよりも大きく見えます。平らで幅広の顔、短い首を持ち、足は短く筋肉質です。

腰に茶色の
横縞が走る

体はだいだい色
を帯びた灰色

臀部が大きい

尾には5〜6本
の黒い縞模様が
入る

尾の先端は黒い

四肢の先端は
黄土色

腹面は白っぽい
灰色

足は短いが長毛のおかげでより短く見える

爪は他のネコ科
の動物と比べる
と短い

瞳はまるく収縮する

ネコ科の瞳は少ない光量でもまわりが見えています。光が多すぎる日中はイエネコの場合は瞳が針のように縦長になり、光量を抑えますが、マヌルネコの場合は円のままで小さくなります。

ベンガルヤマネコ

マヌルネコと同じベンガルヤマネコ系統でもアジアの高温多湿なジャングルで暮らすタイプは比較的丸くて小さい耳。頭部がカワウソのように丸みがあるスナドリネコも毛量が増えればマヌルネコと似た印象になります。

ヒョウは全身に黒く美しい斑点を持つネコ科の動物です。斑点そのものは、大きさや数の違いはあれど他のネコ科にもよく見られる模様です。ただ、マヌルネコのように頭部にだけ集中しているのは珍しいパターンといえます。

ヒョウ

丸い耳

額の斑点

顔の特徴

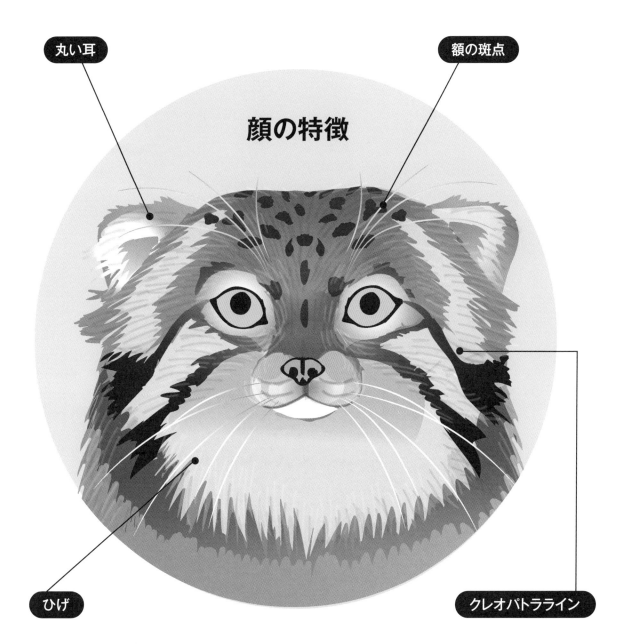

ひげ

クレオパトラライン

イエネコ

顔の毛量も多いマヌルネコですが、そうした被毛と明らかに違う、センサー的な役割をもつ白いひげがイエネコと同じ場所に生えています。眉毛辺りの上毛やウィスカーパッド（通称ひげ袋）からの長いひげがそれ。実はひげはネコ科共通の大事な器官。大型のライオンやヒョウにもぴょんと伸びたひげがしっかりとあります。

目の脇から頬に走る、まるでアイラインのような黒い線はオセロット系統によく見られます。マヌルネコは尾を除いた体はほぼ無柄に見えるのに、顔には模様が集中。黒々とした線が白い毛をサンドイッチしてくっきりと2本線が刻まれています。

オセロット

マヌルネコ

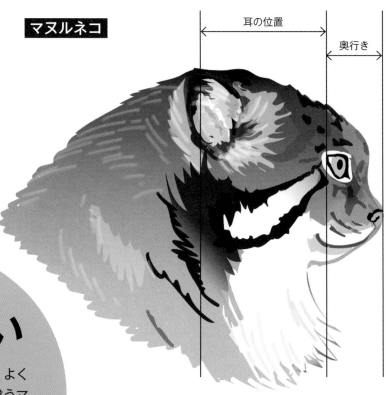

耳の位置

奥行き

秘密 10

猫との違い

サイズ的にはイエネコなのに、よく見ると顔も体つきも明らかに違うマヌルネコ。愛くるしい見た目によらず、粗暴で扱いにくいとされています。身近なイエネコと比較してマヌルネコの特徴を浮き彫りにします。

イエネコ

奥行き

鼻から顎までの顔の奥行きはイエネコと比べるとちょっとひかえめ。つまり鼻ペチャ。また耳は、大きさに違いはないものの位置としてやや後方についています。

耳の位置

背が一直線

首がシュッと伸び、顔が背中より上にある印象のイエネコと比較して、マヌルネコは頭部から尾までの高さが変わらずほぼ一直線。この体型は、獲物に近づいたり、岩場や草むらの間を音もなく移動するために獲得したもの。あしもイエネコと比べると短いようです。冬毛になると腹回りの毛が長く垂れてきて、あしがより短く見えます。

マヌルネコ

あしの長さ

イエネコ

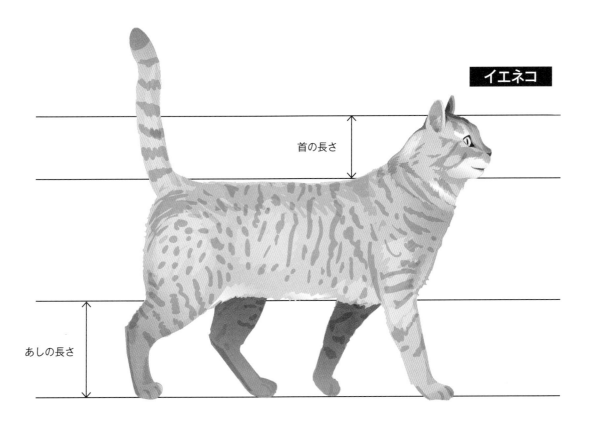

首の長さ

あしの長さ

長距離走は苦手

見た目の印象通り、一般的にマヌルネコは足が遅いといわれています。ただしそれは、長距離を走るシチュエーションがないためであって、一度動き出せば非常に俊敏な動きを見せます。チーターのように速いとはいえませんが、実は筋肉質な足を持っているのです。

小刻みで俊敏

移動は草むらから草むらへ小刻みに区切りながら進みます。動き出しては停止し、周囲を見渡し、また動き出す、の繰り返し。動いているときは素早く、停止時間はやや長めにして天敵に見つからないよう用心深く移動します。

秘密 ⑪

動き

マヌルネコは他のネコ科には見られない独特な動きをします。代表的なのがコマ送りのようなカクカクとした動き。まるで時計仕掛けの人形のようです。こうした動きは環境に合わせて習慣化した結果と考えられます。

キョロキョロ

首を左右に大きく回して周囲の様子をうかがうのもよくする動き。目立たないことで生き抜いてきたマヌルネコは、野性で岩や草むらに身を隠しながら移動するので、キョロキョロする動きが身についたと考えられます。

カクカク

マヌルネコの特徴にコマ送りのようなカクカクした動きがあります。どうしてその動きをするかはいまだはっきりしていません。イエネコやヒョウなどのネコ科動物はしなやかな動きをするイメージがあるので非常に奇異に映ります。

ネコ科動物共通の動作

イエネコにみられる行動はネコ科共通の動きです。
たとえば顔の臭腺でマーキングするのも同様。とは
いえ体型や生活環境などによる違いは見られます。

毛づくろい

毛づくろいはネコ科がよく行うルーチン的な
動きです。毛が生え換わる換毛期には頻繁に
行われます。イエネコと同じように舌が届か
ない顔や頭は前あしをなめてからなでなで。
毛玉吐きをすることもあります。

フンを隠す

なわばり内ではイエネコが自分のフンを隠す
ように、マヌルネコも用を足したあと、砂を
かけます。ただ、神経質に完璧に隠すわけで
はなく、行動圏の端ではそのまま放置したり
します。

コロコロ

地面に転がり背中を掻くようにコロコロと体
をくねらす動き。被毛についた汚れや寄生虫
などを落とす、人間でいうところの入浴にあ
たる行為で「砂浴び」といいます。気になっ
たときに前ぶれなく突然始めます。

爪とぎ

爪とぎをするのはネコ科の最も代表的な動き。
爪をとぐことで表面の古い爪をはがして、下
にある新しい爪を出します。マヌルネコも木
などを見つけてガリガリ爪をとぎます。見た
目はふわふわですが、爪はイエネコよりも硬
く、鋭利です。

秘密 **⑫**

暮らし

マヌルネコは群れを嫌い、孤独を愛する生き物です。こんなにゆったりとした動きとゆるかわな容姿で、厳しい環境下をひとりぼっちで生きています。そんなハードボイルドな野生のマヌルネコの1年を追ってみましょう。

オスはメスを探すため、マーキングしながら移動します

短い夏

繁殖期を過ぎればまたひとり暮らしに戻ります。メスは4月〜5月に出産し、単独で子どもを育てます。春夏の間だけ母子水入らずの濃密な時間を過ごします。

短い恋の季節

オス、メス問わず単独行動をとるマヌルネコは一年のほとんどを1頭だけで過ごしています。複数で発見されるとしたら、それは繁殖期。厳しい冬が終わる1月〜3月頃が恋の季節です。体型に似合わず行動範囲が広いといわれているのは、個体数が少ないため出会いを求めての結果かもしれません。

マヌルネコは1日の多くを岩場で過ごしています。岩のすきまや洞穴をすみかにし、時には他の動物が逃げたあとの巣に住みつくこともあります。1日中活動できますが、大型の捕食動物に狙われる危険があるため狩りは明け方かまわりが薄暗くなってから。それは天敵の猛禽類が巣にいる時間帯であり、かつ小動物が活発に動く時間帯です。

夏毛から冬毛へ

高地でも日差しが強く暑い夏を迎え、マヌルネコの体はすっかり夏毛仕様。とはいえ、冬はすぐそば。雪がチラつく頃までには脂肪を蓄え、モフモフ冬毛へと変化します。

厳しい冬を迎え

足が沈んで歩行がままならないため、深く柔らかい雪の上を歩くのは苦手とされています。でも冬の間は獲物の数が極端に少なくなるので、雪の上でも歩き回ります。

狩りと食

体の柔軟性を活かし軽やかなステップで華麗に獲物を捕らえるだけがネコ科の狩りではありません。自分の特徴を活かし、背景にとけ込んでじっくりゆっくり獲物に近づく独自の狩りをマヌルネコは編み出しました。

もっさりとした体型のマヌルネコも野生では立派なハンターです。武器は獲物を捕らえる爪と相手の息を止める長い犬歯です。大きく開く口と丈夫な顎で噛みつかれたら、ひとたまりもありません。主な狩りの対象はナキウサギで、捕食量の50%を占めています。

狩りは偵察から始まります。腹ばいに近い体勢で、岩場や低木越しに目だけを出して獲物を探します。視覚を駆使して狩りをするのがマヌルネコの特徴。顔の低い位置についた耳と平らな額は、相手に覚られず様子をうかがうのに適しています。

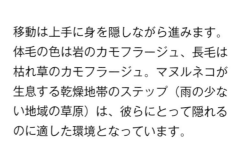

移動は上手に身を隠しながら進みます。体毛の色は岩のカモフラージュ、長毛は枯れ草のカモフラージュ。マヌルネコが生息する乾燥地帯のステップ（雨の少ない地域の草原）は、彼らにとって隠れるのに適した環境となっています。

攻撃と防衛は同じ？

マヌルネコはアフリカに住むネコ科動物のように追いつめていく狩りはしません。ターゲットに気づかれないよう忍び寄り、すぐそばまで近づいてから奇襲をかけます。捕食する一方で捕食される側にもなる厳しい環境で暮らしているため、警戒心が強く最後の目的完了まで慎重にことを運びます。

ほぼ半分が特定の動物

マヌルネコの好物はナキウサギ。これが食べ物の半分をしめています。とはいえ、いつもナキウサギが都合よくいるわけではありません。他の獲物はネズミなどの齧歯類や鳥類。獲物が少ないときには背に腹はかえられず、昆虫や、ときには死んだ動物の肉を食べることもあるそうです。

マヌルネコの捕食比

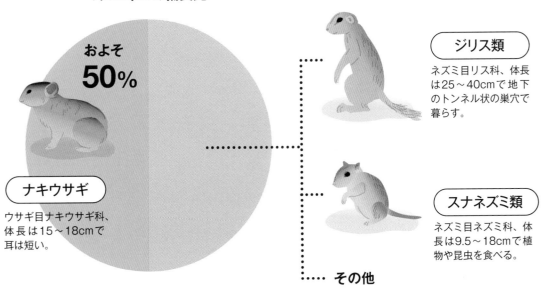

およそ
50%

ナキウサギ
ウサギ目ナキウサギ科、体長は15〜18cmで耳は短い。

ジリス類
ネズミ目リス科、体長は25〜40cmで地下のトンネル状の巣穴で暮らす。

スナネズミ類
ネズミ目ネズミ科、体長は9.5〜18cmで植物や昆虫を食べる。

その他

［マヌルネコの好物］

ネコ科のマヌルネコは肉食。ステップに暮らす生き物の中で、体のサイズに合った小型の哺乳類を狙います。

マヌルネコもメスが子育てをします。これはネコ科動物（ライオン以外）共通の生態です。また、小柄ながら多産タイプ。ネコ科の一度の出産平均が2〜3頭といわれる中、マヌルネコは2〜6頭を生みます。厳しい環境で生きるために生存確率を上げるためなのかもしれません。ネコ科には年間を通して獲物の数が豊富にある地域よりも、季節で獲物の増減が激しい地域のほうが多産型の傾向があるようです。

子育てと成長

野生のマヌルネコは一生の大半が単独行動なので、その繁殖を目撃できるのはかなり稀なこと。詳しい調査が待たれるところですが、世界中の動物園で繁殖例があり、頭数の維持に努めています。

母子期間

子育ては母親ひとりの仕事なので、狩りに行くときは子どもたちを岩かげの巣穴に残して出かける、ワンオペの日々が続きます。赤ちゃんが歩けるようになるには約1ヶ月かかります。

妊娠期間

交尾期は1月〜3月。妊娠期間の約2〜2.5ヶ月間は、外見的にはあまり変化が見られません。3月〜5月に安全な穴蔵の中で出産し、赤ちゃんの大きさはイエネコの赤ちゃんとほぼ同じです。

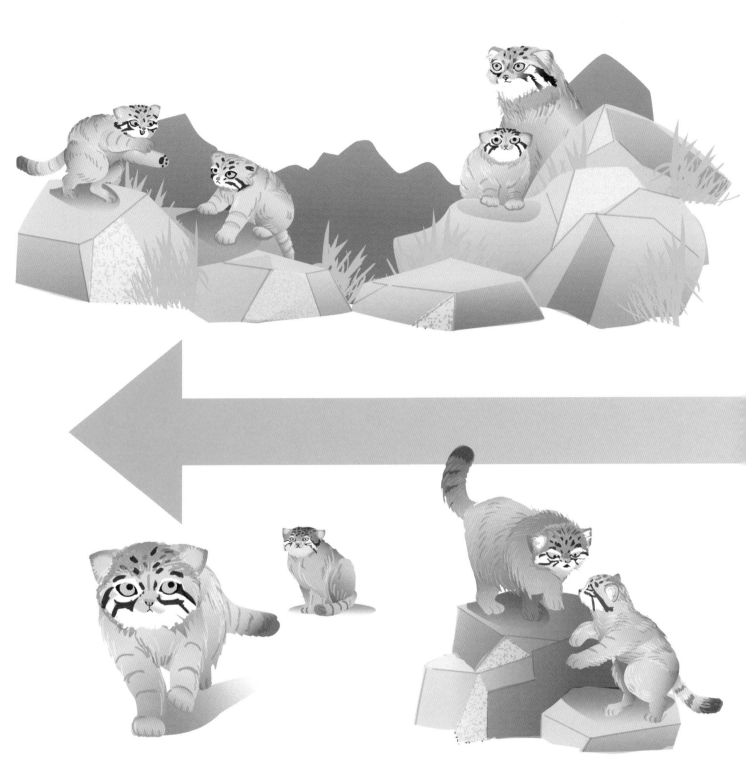

独立期間

早ければ夏の終わり、生後6ヶ月をすぎると自らの縄張りを求めて独立します。ただ初めての冬を迎えることと捕食者から狙われる傾向もあり、この期間の生存率は低いのが現実。生後9〜10ヶ月で生殖可能な性成熟期を迎えます。

学び期間

母親から狩りの仕方を学んだり、きょうだいとの遊びを通して狩りの練習をします。6ヶ月で大人と同じ大きさに成長しますが、6〜7割はひとり立ちする前に死亡するという厳しい側面もあります。

【天敵の脅威】

マヌルネコの天敵は強敵ぞろい。主なものは大型猛禽類のイヌワシやアカギツネなどの中型の哺乳類。俊足ではないマヌルネコは危険が迫ると地面に腹ばいになり、岩にまぎれようとするだけなので、襲われてしまうこともあります。

イヌワシ

広げると2mにも達するつばさを持つ大型猛禽類。上空を旋回し視力で獲物の姿をとらえると急降下し、鋭い爪とクチバシで捕らえます。

アカギツネ

体長50～90cmの一般的なキツネ。平原から森林まで行動範囲が広くて俊足。優れた聴覚と素早い動きで獲物を追いかけ、鋭い犬歯で攻撃してきます。

シビアな自然界では、知恵や経験の少ない子どもは狩りの成功率を上げる獲物の筆頭となっていて、巣立ちしたばかりの幼いマヌルネコも標的もなりやすい存在です。

現状と未来

これまで、近危急種※（2020年に1ランク安全な低危険種に移行）に認定されていたように、年々生息数が減っているといわれています。手強い天敵がいるうえ、毛皮採取目的の人間のハンターなど危険がいっぱい。マヌルネコの行く末はどうなるのでしょう。

※近危急種：IUCN（国際自然保護連合）による絶滅の危険を表すランク。日本の環境省基準では準絶滅危惧種に相当する。

密猟

ネコ科動物はすべて国際取引が禁止されており、毛皮目的の狩猟ももちろん禁止されています。ですがいまだに密猟が行われていると考えられています。

土地開発

農地や牧草地などへの転換により、マヌルネコの生息域がなくなっています。あるいは分断され、岩場の住環境も主食も奪われています。

【人間の脅威】

野生の生息数は
約58,000頭

マヌルネコの生息数は近年もち直したものの、確実に減少しています。その要因はいくつかありますが、ほとんどが開発などの人間の都合による環境の変化。マヌルネコの保全に積極的にアプローチしないかぎりこの流れは止まりません。

殺鼠剤

殺鼠剤を使うことによって主食であるナキウサギ類・齧歯類が減少するほか、殺鼠剤で死んだ個体を食べて中毒死するケースもあります。

飼犬

放牧地が増えたことによる牧羊犬の増加、また野犬による捕食。マーモット類など他の狩猟動物に間違われ、狩猟犬に追われワナにかかることも。

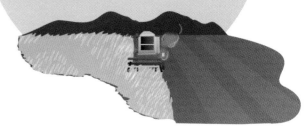

マヌルネコに 会いに行こう

マヌルネコに詳しくなったら、その知識をもって動物園のマヌルネコに会いに行きましょう。動物の個性にふれることで生物多様性のつながりを感じます。

マヌルネコ
参りができる
動物園7ヶ所

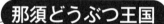

那須どうぶつ王国 栃木県

ボル♂　　レフ♂　　ポリー♀

上野動物園 東京都

ドロー♂　　ナイマ♂

2023年5月現在の各園の在籍個体。
※各施設の展示個体は飼育状況によって変わることがあります。

旭川市 旭山動物園

北海道

グルーシャ♂

埼玉県こども動物自然公園

埼玉県

ロータス♂

オリーヴァ♀

タビー♀
（非公開）

神戸市立王子動物園

兵庫県

イーリス♂

神戸どうぶつ王国

兵庫県

ナル♂

アズ♀

愛知県

名古屋市東山動植物園

エル♂

ハニー♀

国内の マヌルネコ相関図

国内の動物園で公開しているマヌルネコは10頭以上。そのほとんどが、埼玉県こども動物自然公園にいるタビーと関わりがあります。タビーが生んだ子どもたちは動物園間の移動などで、全国に広がっていきました。さらなる子どもたちの誕生に期待が高まります。

オスカー♂
埼玉県こども動物自然公園

2006年4月6日
オランダ・ロッテルダム生まれ
2015年2月15日死亡

シャル♀
埼玉県こども動物自然公園

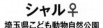

2014年4月18日
埼玉県こども動物自然公園生まれ
2017年7月9日死亡

レフ♂
那須どうぶつ王国

2014年5月15日
ロシア・ノボシビルスク動物園生まれ

(非公開)
プリームラ♀
上野動物園

2017年4月20日
埼玉県こども動物自然公園生まれ

イーリス♂
神戸市立王子動物園

2017年4月20日
埼玉県こども動物自然公園生まれ

グルーシャ♂
旭川市 旭山動物園

2017年4月20日
埼玉県こども動物自然公園生まれ

オリーヴァ♀
埼玉県こども動物自然公園

2017年4月20日
埼玉県こども動物自然公園生まれ

ロータス♂
埼玉県こども動物自然公園

2017年4月20日
埼玉県こども動物自然公園生まれ

2023年5月現在の各園の在籍個体。
一部非公開の個体は入っておりません。
※各施設の展示個体は飼育状況によって変わることがあります。

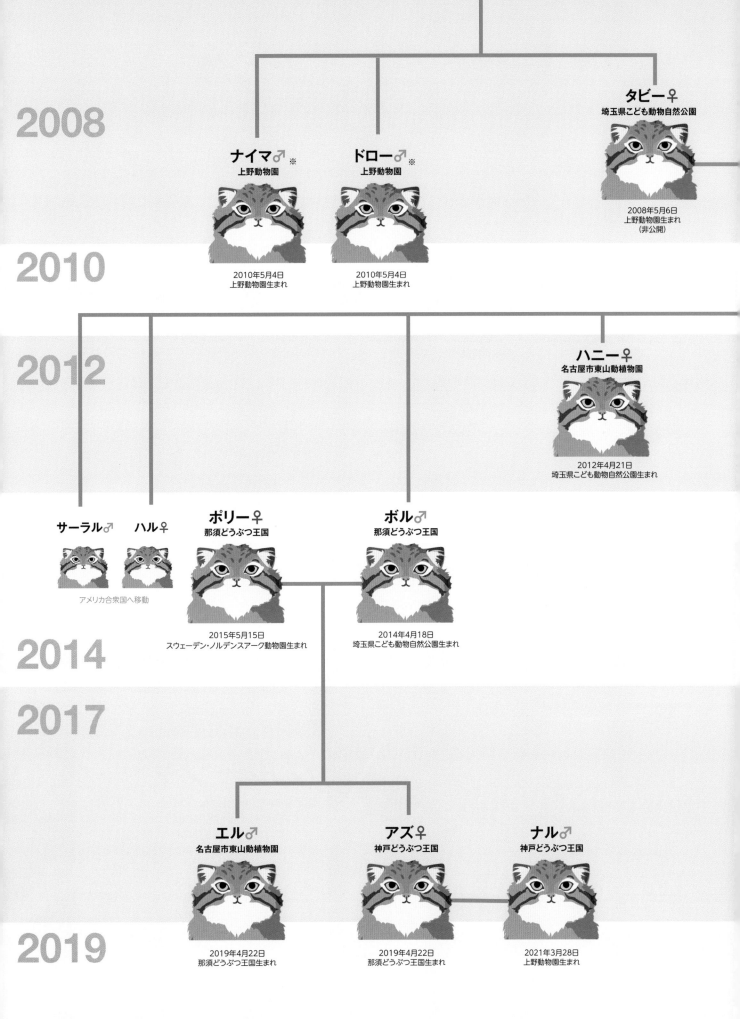

2008

タビー♀
埼玉県こども動物自然公園

2008年5月6日
上野動物園生まれ
（非公開）

ナイマ♂ ※
上野動物園

2010年5月4日
上野動物園生まれ

ドロー♂ ※
上野動物園

2010年5月4日
上野動物園生まれ

2010

2012

ハニー♀
名古屋市東山動植物園

2012年4月21日
埼玉県こども動物自然公園生まれ

サーラル♂

ハル♀

アメリカ合衆国へ移動

ポリー♀
那須どうぶつ王国

2015年5月15日
スウェーデン・ノルデンスアーク動物園生まれ

ボル♂
那須どうぶつ王国

2014年4月18日
埼玉県こども動物自然公園生まれ

2014

2017

エル♂
名古屋市東山動植物園

2019年4月22日
那須どうぶつ王国生まれ

アズ♀
神戸どうぶつ王国

2019年4月22日
那須どうぶつ王国生まれ

ナル♂
神戸どうぶつ王国

2021年3月28日
上野動物園生まれ

2019

ASAHI
YAMA
Zoo

グルーシャ（オス）

2017年4月20日生まれ

2018年、埼玉県こども動物自然公園より来園。名前の由来はロシア語で「梨」。日本最北の動物園で生活しているため、冬は特に本来のマヌルネコらしい体型をしている。採食エンリッチメント（野生本来の採食行動を発現させるための工夫）による餌探しのため、餌を取るためにどうしたらよいか、じっくりと考えている姿が見られる。また、餌を取る際にも、体型からは想像ができないほどの身体能力を発揮する。

写真提供：旭川市 旭山動物園

写真提供：旭川市 旭山動物園

写真提供：旭川市 旭山動物園

旭川市 旭山動物園

ありのままの動物たちの生活や行動を感じられる「行動展示」の先駆者的存在。環境エンリッチメントとして、冬のペンギンの運動不足解消のため始めたペンギンの散歩は人気イベント。旭山動物園の行動展示は今後の動物園展示の指針として注目されている。

北海道旭川市東旭川町倉沼
TEL／0166-36-1104
開園時間／
夏期〈4月29日〜10月15日〉9:30〜17:15
　　　〈10月16日〜11月3日〉9:30〜16:30
　　　（入園は16:00まで）
冬期〈11月11日〜4月7日〉10:30〜15:30
　　　（入園は15:00まで）
★このほかに夜の動物園期間中
〈8月10日〜16日〉9:30〜21:00（入園は20時まで）
休園日（23年度）／
11月4日〜11月10日、12月30日〜1月1日
入園料／大人（高校生以上）1,000円　小人（中学生以下）・70歳以上（旭川市在住）無料　団体割引・各種割引・年間パスポートあり、HP要確認
https://www.city.asahikawa.hokkaido.jp/asahiyamazoo/

飼育スタッフさんに聞きました

●1日のスケジュール
9時30分から放飼。給餌（マンネリ化、常態化させないため、給餌の時間は日によって違う）。夏は16時45分、冬は15時30分収容。収容後に本給餌となります。

●来園当初と現在の様子の違い
接し方や飼育のスタンスは変わらないため、大きな変化はありません。

●生活環境のためにした工夫
本来の生息地や生活の場である岩場を擬岩で再現。マヌルネコ本来の動きを引き出すための床の配置など。砂遊びをよくする生き物なので砂場を作成しました。

●飼育するうえで気をつけていること
イエネコではないため、必要以上に距離を縮めないこと。かわいいではなく、素晴らしいと感じてもらえるような発信。野生本来のマヌルネコを感じさせる展示。

●繁殖について
繁殖を目指したいが、現在予定はありません。

●来園者の反応
TVのコーナーや「マヌルネコのうた」により、知名度はかなり高まったように感じます。グルーシャに会いに当園に来られる方もいますが、かわいいよりも、不気味といわれることのほうが多いです。

●注目してほしいところ
イエネコとはまったく別の生き物であるというところ。マヌルネコ独特の動き（岩になりきるなど）や特有の顔のつくり。

ポリー（メス）

2015年5月15日生まれ

2016年、スウェーデンのノルデンスアーク動物園より来園。小顔でカクカク動くことが多い。

レフ（オス）

2014年5月15日生まれ

2022年、神戸どうぶつ王国より来園。名前の由来はロシア語の「獅子」。冬毛がほかの誰よりも増える。

那須どうぶつ王国

栃木県の風光明媚な那須高原の大自然の中にある動物園。ショーやパフォーマンスで動物本来の能力や知能の高さを間近で感じられる。

栃木県那須郡那須町大島1042-1
TEL：0287-77-1110
開園時間：平日10:00〜16:30　土日祝日・特定日9:00〜17:00
冬季（12月〜2月）10:00〜16:00（いずれも入国は閉園30分前まで）
休園日：水曜日（祝日・春休み・GW・夏休み・年末年始は営業）
入国料：大人（中学生以上）2,600円　こども（3歳〜小学生）1,200円
　　　　（冬季入国料は大人1,600円、こども900円）
団体割引、各種割引、年間パスポートあり、HP要確認
https://www.nasu-oukoku.com

※展示個体は飼育状況によって変わることがあります。

ボル（オス）

2014年4月18日生まれ

2015年、埼玉県こども動物自然公園より来園。名前の由来はモンゴル語の「茶色」。お気に入りの丸太のうえでじっと外を見ていることが多い。

飼育スタッフさんに聞きました

●**1日のスケジュール**
10時～16時出勤（放飼場）、その間に給餌することがあります。バックヤードに帰ったあとにも給餌します。

●**飼育するうえで気をつけていること**
野生動物なので安全を意識して作業を行なっています。

●**生活環境のためにした工夫**
以前の展示場より広さ、高さともに大きくしたので、さらに自由に行動できるようになりました。

●**繁殖の取り組み**
巣箱にはモニターが設置してあり、様子を確認することができます。照明をコントロールをしています。

●**注目してほしいところ**
個体によってもいろいろな違いがあるので、よく観察しそれぞれの特徴を見つけてほしいです。

ロータス（オス）

2017年4月20日生まれ

当園生まれ。名前の由来はロシア語の「蓮（はす）」。

SAITAMA
Children's Zoo

●1日のスケジュール

夜行性のため日中は休んでいることが多いですが、展示場の一番高い岩場に登ってお隣のコーナーの乳牛をじっと観察していたりすることもあります。給餌は閉園後です。

●来園当初と現在の様子の違い

来園当初は室内展示室のみでしたが、アニマル基金のご協力で、屋外展示場「マヌルロック」を作りました。そのため、涼しい季節は以前より行動のバリエーションが増えました。

●生活環境のためにした工夫

「マヌルロック」という岩場を模した展示場を作り、野生に近い行動を引き出せるような環境を目指しています。自動給餌器を使った採食エンリッチメント（野生本来の採食行動を発現させるための工夫）なども行なっています。

●飼育するうえで気をつけていること

現在、国内最高齢のタビーを飼育しています（非公開）。足腰、目や耳の衰えが見られるため、作業時は、驚かさないように声かけやモニターで確認しながら作業しています。部屋の中は滑り止めマット、換毛を補助するためのグルーミングブラシなども置いています。

●繁殖について

現在は実施していませんが、繁殖可能な個体の導入を目指しています。

●来園者の反応

室内の展示室から「マヌルロック」に出てきたときは、カメラのシャッター音が鳴りやみません。年々、マヌルネコの熱心なファンが増えているように感じます。

●注目してほしいところ

モフモフ、ずんぐりとした体型に見えますが、実はとても俊敏で、音もなく岩場に駆け上がります。野生味あふれる鋭い目つきを見せるかと思えば、ゴロゴロと転がって砂浴びをするかわいい仕草をするなど、魅力いっぱいです。

※展示個体は飼育状況によって変わることがあります。

タビー（メス）

2008年5月6日生まれ

2011年、上野動物園より来園。国内最高齢のマヌルネコ（現在は非公開）。

オリーヴァ（メス）

2017年4月20日生まれ

当園生まれ。名前の由来はロシア語の「オリーヴ」。

埼玉県こども動物自然公園

開園は1980年、丘陵地帯にある豊かな自然を活かした動物園。広々とした園内の移動には機関車型の周遊バスが便利。動物とふれ合い、楽しみながら学べる工夫にあふれている。

埼玉県東松山市岩殿554
TEL／0493-35-1234
開園時間／4月1日〜11月14日、2月1日〜3月31日　9:30〜17:00（入園は16:00まで）
11月15日〜1月31日　9:30〜16:30（入園は15:30まで）
休園日／月曜日（祝日の場合は開園）
入園料／大人（高校生以上）700円
小人（小・中学生）200円
団体割引、年間パスポートあり、HP要確認
https://www.parks.or.jp/sczoo/

写真提供：（公財）東京動物園協会

UENO
Zoological
Gardens

ドロー（オス）

2010年5月4日　当園生まれ
地上階展示。

ナイマ（オス）

2010年5月4日　当園生まれ
地下階展示。

写真提供：(公財)東京動物園協会

上野動物園

上野動物園は1882年（明治15年）に開園した、日本初の
動物園です。園内は、東園と西園に分かれており、いそっぷ
橋を通り行き来できます。ジャイアントパンダやアジアゾウ
など世界各地の動物を飼育しており、アイアイのすむ森やゴ
リラ・トラの住む森、クマたちの丘など園内各所に、動物の
すむ環境や生態を見ることができる展示施設があります。

東京都台東区上野公園9-83　**TEL**／03-3828-5171
開園時間／9：30〜17：00（入園は16：00まで）
休園日／毎週月曜日（祝日にあたる場合は翌日休園、12月29日〜1月1日）
入園料／一般600円、65歳以上300円　団体割引、年間パスポートあり、
HP要確認
https://www.tokyo-zoo.net/zoo/ueno/

※展示個体は飼育状況によって変わることがあります。

ハニー（メス）

2012年4月21日生まれ

2013年、埼玉県こども動物自然公園より来園。やや細身で小柄。騒がしいのが苦手で段ボールなどの箱に入るのが好き。

写真提供：名古屋市東山動植物園

HIGASHI YAMA
Zoo and Botanical Gardens

飼育スタッフさんに聞きました

● 1日のスケジュール
朝9時過ぎに屋外に出て基本的に日中は屋外で過ごしています。夕方16時頃室内に戻り、給餌（非公開）になります。

● 普段の様子
2頭ともマイペースでゆったりと過ごしています。

● 注目してほしいところ
2頭とも段ボール箱が好きなので中に入っていたり爪とぎをしている様子などを見てください。

● 生活環境のためにした工夫
けっして広い環境ではありませんが、その中でも居場所を選択できるようにステップやもぐりこめる箱などを設置しています。さらに砂場を用意し落ち葉を敷くなど、感触の楽しみや過ごしやすい居場所を作れるように工夫しています。

※展示個体は飼育状況によって変わることがあります。

名古屋市東山動植物園

緑豊かな広大な敷地を誇り、動物園以外に
植物園、遊園地、東山スカイタワーとさま
ざまな魅力にあふれている。

愛知県名古屋市千種区東山元町3-70
TEL／052-782-2111
開園時間／9:00〜16:50（入園は16:30まで）
休園日／月曜日（祝日または振替休日の場合はその直
後の休日ではない日）、12月29日〜1月1日
入園料／大人500円　中学生以下無料　65歳以上（名
古屋市在住）100円
団体割引、年間パスポートあり、HP要確認
https://www.higashiyama.city.nagoya.jp/

エル（オス）

2019年4月22日生まれ

2021年、神戸どうぶつ王国より
来園。ジャンプしたり格子を駆け
上ることも多く、好奇心旺盛で活
発に動きます。声を出すこともし
ばしばあり、「おしゃべり」とい
われることも。

写真提供：名古屋市東山動植物園

OJI ZOO

イーリス（オス）

2017年4月20日生まれ

2018年、埼玉県こども動物自然公園より来園。名前の由来はロシア語の「アヤメ」。飼育スタッフが見ているとフリーズします。餌は巣箱の中に運んで食べます。

神戸市立王子動物園

約130種750の動物を展示し、アジアゾウ、
コアラ、アムールトラなど世界の人気の動物
を見ることが出来る動物園です。また動物園
には「ふれあい広場」や遊園地もあり家族で
楽しめる施設がそろっています。

兵庫県神戸市灘区王子町3-1　TEL／078-861-5624
開園時間／
3月～10月　9:00～17:00（入園は16:30まで）
11月～2月　9:00～16:30（入園は16:00まで）
休園日／水曜日（祝日の場合は開園）、12月29日～1月1日
入園料／大人（高校生以上）600円
中学生以下、65歳以上（兵庫県在住）無料
団体割引、年間パスポートあり、HP要確認
https://www.kobe-ojizoo.jp

飼育スタッフさんに聞きました

●1日のスケジュール
9時に屋外展示場に出します。そのあと
は展示場の一番高いところで過ごすこと
が多いようです。10時頃から活発に動
き始めます。15時～16時に寝室に入れ
て給餌。以降は室内展示を行います。

●注目してほしいところ
人には興味をもたない性格ですが、隣で
飼育されているシベリアオオヤマネコに
は興味があり、常に見ています。近づく
こともよくあります。そのような行動に
は注目してほしいです。

写真提供:神戸どうぶつ王国

カップリング中の貴重な2ショット。ナル（左）・アズ（右）

アズ（メス）

2019年4月22日生まれ

2020年、那須どうぶつ王国より来園。名前の由来はモンゴル語の「幸福」。警戒心は強めだが少し抜けているところも。マヌルネコの中では比較的小顔でクリっとしたアーモンドアイが印象的。

ナル (オス)

2021年3月28日生まれ

2022年、上野動物園より来園。名前の由来はモンゴル語の「太陽」（虹彩が印象的なオレンジ色で、明るく元気に過ごしてほしいという願いから）。好奇心が強く、アズに何度も近づいて、怒られると絶妙な距離感を保ってアズを眺めている。

神戸どうぶつ王国

神戸市のポートアイランドにある全天候対応型の動植物園。多くの鳥や動物たち、花々と直接ふれ合うことができる。入口の前に最寄り駅があり、アクセス抜群！

兵庫県神戸市中央区港島南町7-1-9
TEL／078-302-8899
開園時間／10:00〜17:00（入国は閉園30分前まで）
休園日／木曜日（祝日・春休み・GW・夏休み・年末年始は営業）
入国料／大人（中学生以上）2,200円　小学生1,200円　幼児（4歳・5歳）500円　シルバー（満65歳以上）1,600円　団体割引、各種割引、年間パスポートあり、HP要確認
https://www.kobe-oukoku.com

飼育スタッフさんに聞きました

●1日のスケジュール
9時→健康チェックと展示場の安全確認。
10時→展示場へ放飼、寝室は別室なのでお見合い開始直後は大きな変化がないか観察。
13時30分→給餌、その日によって給餌方法・内容・回数・時間は変わります。
16時（17時）→獣舎へ収容、夕給餌。

●来園当初と現在の様子の違い
〈アズ〉搬入時はずっと威嚇していて、いまにもこちらに飛びかかってきそうな野生味あふれる姿をはっきりと覚えています。警戒心が強いのはいまも変わりませんが、環境には慣れ、展示場では砂浴びやたまに目をつぶっている姿を見ることができます。
〈ナル〉搬入当初はいまよりも小柄ですごくおとなしい個体なのだと思っていましたが、日が経つにつれて展示場内を走り回ったり、同居しているアズに近づいてみたりと好奇心旺盛で活発な性格だとわかりました。

●生活環境のためにした工夫
姿を隠せるよう岩や木を配置、地上だけでなく丸太を組んで空間を利用、行動範囲を広げています。

●飼育するうえで気をつけていること
感染症対策と、かわいらしい見た目だが野生動物なので距離感を間違えないこと。

●繁殖について
現在お見合い同居中です。

●来園者の反応
まんまる、かわいい、（肉を食べている姿を見て）すごい、意外だ、など。

●注目してほしいところ
2頭は現在、繁殖に向けてお見合い中です。これから2頭の仲が縮まるようあたたかく見守ってください。

※展示個体は飼育状況によって変わることがあります。

マヌルネコのうた！

マヌルネコの本が
マヌルネコのうたのこと
聞いてみた

「マヌルネコのうた」
誕生の秘密

Creative Director

富永省吾さん

猫好きどころか犬派の人まで知っている「マヌルネコのうた」（作詞/富永省吾、作曲・歌/小田朋美）。2021年4月に、那須どうぶつ王国の公式YouTubeやTwitterで公開されると、その中毒性のある歌と映像でまたたくまにバズリ、現在までの視聴回数は合わせて600万回。マヌルネコの知名度を一気に引き上げた仕掛け人である映像作家の富永省吾さんに制作秘話を聞きました。

富永さんが「マヌルネコのうた」を作られたきっかけを教えていただけますか？

魅力あふれるマヌルネコの底知れぬポテンシャルを感じ、もっと世間に知られてもいい存在だと思い、プロデュースしたい、と思ったことがきっかけです。

当時、準絶滅危惧種だったのですが、こんな動物が絶滅していいわけない、と強く思っていました。

世間が陰鬱としていたコロナ禍の中での発表だったのですが、マヌルネコは人間を救えるし、人間もマヌルネコを救えるはず、そんな架け橋となるようなコンテンツを作りたいと思いました。

撮影、音楽、CGなどさまざまな分野に関われた「マヌルネコのうた」ですが、製作までの過程を教えていただけますか？

一番最初に作詞をして、そのあとは音楽の制作、撮影を並行して行いました。レコーディングと編集も並行して、すべての要素を組み上げていくイメージでした。

とても中毒性のある楽曲ですが、歌や曲のイメージは具体的にありましたか？

動物園が出す曲として、一番「意外性」のある曲調にしたいと思っていました。大人版のみんなのうた、みたいなイメージですかね。

マヌルネコの魅力を伝えるコンセプトで作られたミュージックビデオですが、富永さんが特に気を配ったところはありますか?

マヌルネコのストレスになるような撮影にはしたくなかったので、撮影では、一切照明を使わない、音を立てたり気を引いたりしない、展示場の中には入らない、などのポリシーをもちながら撮影しました。

那須どうぶつ王国の公式TwitterとYouTubeチャンネルで配信後、あっという間にバズった印象ですが、動画をアップしてからの実際の動きはどうでしたか?

総合すると600万再生ほどですが、皆さんに愛されるコンテンツとして、いまだに再生数が伸びているのがありがたいなと思います。

2021年には優れた広告やコンテンツを表彰する、日本最大級のアワード「ACC TOKYO CREATIVITY AWARDS」のフィルム部門で銀賞を受賞し、日本で発表されたオンラインフィルムの中での年間上位7作品に選ばれました。受賞時の感想を教えていただけますか?

錚々たる作品の中での受賞だったので、那須どうぶつ王国総支配人の鈴木和也さんと、電話で喜びを伝え合いました。

コロナ禍ということもあり、ごく少人数で作ったものが評価されたのも嬉しかったですね。

富永さんが実際に那須どうぶつ王国で会ったボルとポリーの印象はどうでしたか?

ポリーはポリーらしく、気高く気位も高く、また素敵なまゆげによって僕の永遠のミューズとして君臨していました。ボルは渋いです。

「マヌルネコのうた」のビジュアルをモチーフにしたグッズも人気のようです。富永さんとの関わりを教え

ていただけますか?

僕がデザインしたサムネイルがもとになっています。グッズは監修させていただいており、マウスパッドなども面白いと思います。

富永さんのおかげでマヌルネコの知名度を一般の方にまで広げることができました。「スネネコのうた」も製作されていますが、今後の活動予定を教えていただけますか?

うたシリーズは、これからもどうぶつ王国さんと続けていきたいなと思っています。

富永さんが監修したTシャツやトートバッグ、マウスパッドは、那須どうぶつ王国内のショップや公式サイトで販売中。

とみながしょうご
京都芸術大学卒業。在学時に複数企業と共作した異例の卒業制作が話題となった。映像を軸にプロダクトデザインから空間演出まで、表現媒体を越え話題作を手がける。カンヌライオンズ主催 YOUNG LIONS COMPETITION 2020(通称ヤングカンヌ)映像部門で金賞を獲得し日本一となる。2021年、企画/監督/作詞を手がけた「マヌルネコのうた」では国内最大の広告賞ACC TOKYO CREATIVE AWARDフィルム部門で銀賞、個人賞としてエディター賞のW受賞となった。異才を放つクリエイターとして新時代の表現開発を行なっている。株式会社LQVE代表。

また会いましょう

アズ（神戸どうぶつ王国）

マヌルネコ 15の秘密

発行日　2023年7月20日　第一版 第一刷

監修者　　今泉忠明
編著者　　南幅俊輔
発行者　　後藤高志
発行所　　株式会社ライブ・パブリッシング
　　　　　〒160-0022
　　　　　東京都新宿区新宿1-24-1
　　　　　藤和ハイタウン新宿807号
　　　　　TEL:090-4387-9478
　　　　　FAX:03-3226-1860
　　　　　https://livepublishing.co.jp
印刷・製本　株式会社シナノ パブリッシング プレス

監修
今泉忠明

動物学者。日本動物科学研究所所長。
1944年東京都生まれ。東京水産大学（現・東京海洋大学）卒業。国立科学博物館で哺乳類の分類学生態学を学ぶ。文部省（現・文部科学省）のイリオモテヤマネコの生態調査などに参加。上野動物園で動物解説員を務めたのち、現在は、日本動物科学研究所所長、静岡県伊東市の日本ネコ科動物研究所所長・ねこの博物館館長を兼任。『飼い猫のひみつ』（イースト・プレス）、『図解雑学 最新ネコの心理』（ナツメ社）、「ざんねんないきもの事典 正・続・続々」（高橋書店）、『ハシビロコウのすべて』（廣済堂出版）など著書、監修書多数。

企画・編集・デザイン
南幅俊輔

盛岡市生まれ。グラフィックデザイナー＆写真家。2009年より外で暮らす猫「ソトネコ」をテーマに本格的に撮影活動を開始。ソトネコや看板猫のほか、海外の猫の取材、その他さまざまな動物たちの撮影も行なっている。著書に『ソトネコJAPAN』（洋泉社）、『ワル猫カレンダー』（マガジン・マガジン）、『美しすぎるネコ科図鑑』（小学館）、『ふたばPHOTOBOOK』（廣済堂出版）、『踊るハシビロコウ』（ライブ・パブリッシング）、『ハシビロコウのふたば』（辰巳出版）など多数。企画・撮影・デザイン担当書に『ねこ検定』『ハシビロコウのすべて』『ゴリラのすべて』（廣済堂出版）がある。

【STAFF】
企画・編集・取材／有限会社コイル
アートディレクション／南幅俊輔
表紙デザイン／南幅俊輔
誌面デザイン／有限会社コイル　長谷川智恵子　朝倉加代子
漫画／ワタナベチヒロ
イラスト／minami　イソベサキ
国内撮影／南幅俊輔
ライティング／松永詠美子　有限会社コイル
校正／皆川 秀

【取材・撮影協力】
旭川市 旭山動物園　　那須どうぶつ王国　　埼玉県こども動物自然公園
上野動物園　　名古屋市東山動植物園　　神戸市立王子動物園
神戸どうぶつ王国　公益社団法人日本動物園水族館協会

【写真】
Cover Photography／南幅俊輔（表紙1、表紙4）
Photography by Hemis/Alamy Stock Photo (P.14〜27)
Photography by 南幅俊輔（その他本文の特記なきもの）

【参考資料】
『世界の美しい野性ネコ』
フィオナ・サンクイスト、メル・サンクイスト／著　今泉忠明／監修
テリー・ホイットテイカー／写真　山上佳子／訳
エクスナレッジ　2016年
『野性ネコの教科書』
ルーク・ハンター、プリシラ・バレット ／著　今泉忠明／監修
山上 佳子／訳　エクスナレッジ　2018年